BEI GRIN MACHT SICH IHR WISSEN BEZAHLT

- Wir veröffentlichen Ihre Hausarbeit, Bachelor- und Masterarbeit

- Ihr eigenes eBook und Buch - weltweit in allen wichtigen Shops

- Verdienen Sie an jedem Verkauf

Jetzt bei www.GRIN.com hochladen und kostenlos publizieren

Dorothea Bernhard

Venedig - Morbides Sinnbild für ganz Italien?

GRIN Verlag

Bibliografische Information der Deutschen Nationalbibliothek:

Die Deutsche Bibliothek verzeichnet diese Publikation in der Deutschen National-
bibliografie; detaillierte bibliografische Daten sind im Internet über http://dnb.d-
nb.de/ abrufbar.

Impressum:

Copyright © 2009 GRIN Verlag GmbH
Druck und Bindung: Books on Demand GmbH, Norderstedt Germany
ISBN: 978-3-640-42027-8

Universität Passau
Lehrstuhl Regionale Geographie
Hauptseminar Italien in der Krise?
                Kultur- und sozialgeographische Befunde

Sommersemester 2009

Venedig:

Morbides Sinnbild für ganz Italien?

Vorname, Name: Dorothea Bernhard
Studiengang: Bachelor European Studies
Studienfächer: Geographie, Italianistik, Informatik
Fachsemester: 04

Inhaltsverzeichnis

1. Einleitung

Venedig – die Serenissima, die Königin der Adria oder doch die Todgeweihte? Im Lauf ihrer Geschichte wurde diese Stadt von den verschiedensten Menschen besucht, geschildert und analysiert, so dass man im Zusammenhang mit ihr oft hört sie sei die meist beschriebene Stadt der Welt. Ob dies tatsächlich der Wahrheit entspricht sei dahingestellt, aber mit Sicherheit mangelt es uns heute nicht an Literatur, die sich mit ihr beschäftigt. Seit einiger Zeit interessieren sich auch die verschiedenen Wissenschaften für sie. Venedig ist zu einem Phänomen geworden, das zu untersuchen schon viele gelockt hat. Heutzutage berichten die Medien immer wieder darüber wie labil und gefährdet die romantischste aller Städte ist, ebenso wie sie hauptsächliche negative Schlagzeilen über das liebste Urlaubsland der Deutschen bringen. Ob Venedig wirklich dem Untergang geweiht ist und warum das so zu sein scheint soll diese Arbeit näher beleuchten. Die Probleme Venedigs zu untersuchen ist jedoch schwierig, da sie so zahlreich und meist vielschichtig sind: die Hochwasser, der Exodus der Venezianer, die Überalterung der Bausubstanz und der Infrastruktur, die chronische Geldknappheit, die Debattierfreudigkeit seiner Entscheidungsträger und nicht zu vergessen der Massentourismus, der die Stadt einerseits finanziert, andererseits jedoch ihre größte Bedrohung darstellt. Die Besucherströme lassen die Stadt förmlich zu einer postmodernen Museumsstadt werden, in der man die morbide Pracht dieses alten und sehr fragilen Stadtgefüges zu begutachten scheint, wie die Bilder einer Ausstellung.[1]

Abbildung 1: Venedig (Luftbild)[1]

Um verstehen zu können, wie es dazu kam und warum Venedig heute so existiert, wie wir es kennen, ist es unumgänglich seine Geschichte in diese Betrachtung mit einzubeziehen. Die verschiedenen Phasen, die die Stadt in ihrer bewegten Geschichte durchlaufen hat, machen schnell klar, wie Venedig das Gesicht bekam, das es uns heute zeigt. Was auf keinen Fall außen vorgelassen werden darf, wenn man den Zustand Venedigs untersuchen möchte, ist die Entwicklung des Städtetourismus im Allgemeinen, da dieser die Stadt besonders stark beeinflusst. Erste Ansätze kann man in der sogenannten „Grand Tour"[2] sehen, die im 17. Jahrhundert eine gängige Praxis darstellte.[3] Schon damals zählte Venedig zu den wichtigsten Reisezielen. Als Folge der Einführung des bezahlten Jahresurlaubs entwickelte sich im Verlauf des 20. Jahrhunderts der uns heute so vertraute Massentourismus. In den 1990er Jahren dann setzte buchstäblich ein Boom des Städtetourismus ein. Dieser ist wohl am meisten auf die Flexibilisierung der Arbeitszeiten zurückzuführen, die eher zu Kurzurlauben anregt. Während diesen will der Reisende des 21. Jahrhunderts möglichst viele Optionen vereinen. Eine Städtereise bietet diese

---

[1] vgl. WEISS, W. M. (2002, S.10ff)
[2] im 17. Jh. gebräuchliche Kultur- und Bildungsreise junger Adliger durch Europa
[3] vgl. FREYTAG, T.; POPP, M. (2009, S.4-11)

Kombinationsmöglichkeit von Shopping, Restaurantbesuch und Kultur in Form von Stadtbesichtigungen und Veranstaltungen auf engstem Raum. Und gerade diese Vielfältigkeit macht es schwer Städtetourismus zu definieren. Eine möglichst allgemeingültige Definition wäre wohl folgende: „Städtetourismus umfasst jede erdenkliche Form eines Aufenthalts von nicht-ortsansässigen Menschen, die eine Stadt aus geschäftlichem oder privatem Interesse – sei es mit oder ohne Übernachtung – besuchen."[4] Selbstverständlich bringt er spezielle positive Effekte für die jeweils besuchte Stadt mit sich. Gleichzeitig treten jedoch unvermeidlich auch negative Begleiterscheinung auf.[5] Diese Arbeit soll ebendiese speziell für Venedig untersuchen. In den einzelnen Kapiteln will ich jeweils exemplarisch darlegen, wie sich die heute so viel beschriebene Morbidität der Serenissima entwickelt hat. Aufgrund der Komplexität werde ich mich jeweils auf Einzelaspekte konzentrieren, um den Rahmen der Arbeit nicht zu sprengen. Desweiteren soll untersucht werden, ob und inwiefern der Zustand Venedigs den von ganz Italien wiederspiegelt.

2. Kurze Geschichte Venedigs

Hier möchte ich schon sehr früh ansetzen, da Venedig als Stadt aufgrund seiner Einzigartigkeit auch überdurchschnittlich von seiner Geschichte gezeichnet ist. Bis heute gibt es keine vergleichbare Stadt. Seine Besonderheit spiegelt sich auch heute noch im speziellen Charakter der wenigen noch verbliebenen Venezianer wieder, auf den später noch einmal gesondert eingegangen wird. Der Legende nach gründen am 5. März 421 Flüchtlinge die Stadt Venedig. Trotz der Unwirtlichkeit der Lagune bilden sich um 568 sogar mehrere einzelne dauerhafte Siedlungen, die vor allem von Fischfang und Salzhandel leben. Bis etwa 840 stellt die Lagune den westlichsten Außenposten des byzantinischen Reiches dar. Die Statthalterschaft überlässt der oströmische Kaiser dem sogenannten Dogen. Etwa um 810 wird auf der „Rivus altus"[6] genannten Inselgruppe eine Siedlung gegründet – das spätere Venedig. Gleichzeitig erfolgt die Verlegung des Amtssitzes des Dogen von Malamocco nach „Rivus altus". Zusätzlich schaffen 828 zwei venezianische Kaufleute die Reliquie

des Evangelisten Markus aus Alexandria nach „Rivus altus" und verhelfen so der Stadt zu ihrem Schutzheiligen, ebenso wie zu ihrem späteren Wappen und Namen „Serenissima Repubblica di San Marco"[7].[8] Ab dem 10. Jahrhundert bemüht sich Venedig aktiv um die Kontrolle des Handels auf der Adria und dem norditalienischen Festland und wird so allmählich zur Handelsdrehscheibe

Abbildung 2: Bergung des Leichnams des heiligen Markus (Tintoretto, 1566)

---

[4] FREYTAG, T.; POPP, M. (2009, S.7)
[5] vgl. FREYTAG, T.; POPP, M. (2009, S.4-11)
[6] „hohes Ufer" → Rialto
[7] „Allerdurchlauchteste Republik von San Marco"
[8] vgl. WEISS, W. M. (2002, S.64f)

zwischen Orient und Okzident. Geschickte Politikführung und kriegerische Aktivitäten verhelfen den Venezianern zu bestimmten Handelsprivilegien, die eine weitere Ausbreitung ihres Machtbereichs möglich machen. Im Jahr 1104 gründet man das Arsenal, die venezianische Staatswerft, die Anfang des 14. Jh. zur größten Werft Europas angewachsen ist. Mit ihrer Hilfe kann die Handelsmetropole ihre Kontrolle behaupten und noch weiter ausdehnen. Aber nicht nur im Handel erlangt Venedig Ruhm. 1177 legen Papst *Alexander III.* und Kaiser *Friedrich I. Barbarossa* im legendären „Frieden von Venedig" ihren jahrzehntelangen Streit um die Vorherrschaft im Abendland bei und machen damit die Stadt zum Mittelpunkt europäischer Politik. Ergebnis dieser „Gastfreundschaft" sind weitere vergünstigte Handelsbedingungen. 1204 erobert ein venezianisch-französisches Kreuzfahrerheer Konstantinopel und legt so endgültig den Grundstein für das Kolonialreich und den Aufstieg der Serenissima zu einer Großmacht des Mittelmeeres. Aber auch kaufmännisches Gespür unterstützt die Markusstadt auf ihrem Weg an die Spitze: 1228 führen die Venezianer mit dem „Fondaco dei Tedeschi" eine Art Warenbörse ein und locken so internationale Händler in ihre Stadt, sodass sie noch mehr Kontrolle ausüben und gleichzeitig Abgaben und Zölle kassieren können.[9] Einer der größten Konkurrenten der Lagunenstadt ist Genua – ab 1257 kommt es deshalb mehrfach zu kriegerischen Konfrontationen, die erst 1381 enden. Aufgrund der regen Handelstätigkeit kommt es im Jahr 1347 erstmals zur Einschleppung der Pest – mehr als die Hälfte der über 120.000 Einwohner fallen der Seuche zum Opfer; ganz Europa wird von der Epidemie erfasst. Ähnlich im Jahr 1630, als die Seuche wiederkehrt und trotz modernster Bekämpfungsmaßnahmen noch einmal ähnlich stark wütet. Diesmal erholt sich die Stadt nur langsam. Als Dank für die Erlösung von der Seuche wird die Kirche Santa Maria della Salute gebaut, die ein Vermögen kostet und heute unzählige Besucher in die Stadt lockt.[10]

Im 15. Jh. widmet sich die Lagunenmetropole erfolgreich der weiteren Kontrolle des Festlandes (=„terraferma") und kann sogar zu einer der großen italienischen Landmächte (neben z.B. dem Kirchenstaat oder Neapel) aufsteigen. Als jedoch im Jahr 1492 Amerika und 1498 der Seeweg nach Indien entdeckt werden, verlagern sich die Handelsströme zu Venedigs Ungunsten mehr auf den Atlantik und leiten so den Abstieg der Handelsmetropole ein. Trotzdem leben in Venedig um 1590 schätzungsweise 190.000 Menschen – mehr als zu jeder anderen Zeit. 1719 verliert die Serenissima ihre letzte wirtschaftliche Vormachtstellung, jene im Adriahandel, an aufblühende adriatische Freihäfen wie beispielsweise Triest. Selbst wird ihr dieser Status nämlich erst 1830 zugestanden. Dennoch lässt der Senat zum dauerhaften Schutz der Lagune vor Sturmfluten von 1740 bis 1778 unter großem finanziellem Aufwand die sogenannten „murazzi"[11] bauen.[12] Schon im Jahr 1786 spricht man im Zusammenhang mit Venedig vom Wandel einer Handels- und Wirtschaftsmetropole zu einer Touristenattraktion. Diese heute so belastende Karriere nahm also schon sehr früh ihre Anfänge. Ferner hört im Jahr 1797 die Serenissima Repubblica tatsächlich zu existieren auf, als

Abbildung 3: Ludovico Manin,
120. Doge von Venedig

---

[9] vgl. KARSTEN, A.; MISCHER, O. (2007, S.172ff)
[10] vgl. SALLER, W. (2007, S.128-138)
[11] gewaltige Steinwälle an den *lidi* zum Zweck der Uferbefestigung
[12] vgl. HUSE, N. (2005, S.25f)

Napoleon den 120. Dogen, *Lodovico Manin* (Abb. 3), zum Rücktritt zwingt – französische Truppen besetzen die bisher niemals eroberte Stadt.[13]

Jedoch überlässt Napoleon die Stadt und ihre festländischen Besitzung im Friedensvertrag von Campoformio den Österreichern. Diese leiten 1841 den Bau einer Eisenbahnbrücke in die Wege, die fünf Jahre später Venedig mit dem Festland verbindet und die Stadt so wesentlich zugänglicher macht. Im Revolutionsjahr 1848 wird am 23. März unter *Daniele Manin* die „Repubblica di San Marco" in Venedig ausgerufen, die über ein Jahr ihre Unabhängigkeit von Österreich behaupten kann. Am 23. August 1849 wird die Stadtrepublik von österreichischen Truppen blutig erobert. In Folge der Niederlage Österreichs gegen Preußen im Krieg von 1866[14] geht Venedig gemäß dem Frieden von Wien vom 3. Oktober 1866 an Italien. Während dem Ersten Weltkrieg ist Venedig mehrfach starkem Bombardement ausgesetzt, nimmt jedoch keinen vernichtenden Schaden. Etwa zur selben Zeit forciert man mit der Eröffnung des Hafens Marghera (1917) Industrieansiedlungen, die während der 1920er mit der Errichtung des Industriekomplexes Mestre-Marghera, dem Bau einer Autobrücke (1929-1933), eines Bahnhofes und künstlicher Inseln immer weiter voranschreiten. Bis weit in die 70er Jahre hinein wird der Industrie Vorrang vor allem anderen gewährt, so dass die Lagune sich in eine Kloake verwandelte, die aufgrund der Zerstörung ihres fragilen ökologischen Gleichgewichts immer häufiger schlimmen Überschwemmungen ausgesetzt wurde. Den Höhepunkt dieser Entwicklung erreicht man 1966, als am 4. November der historische Pegelhöchststand von 1,94 m über Normalnull erreicht wird. Als Reaktion entstehen zahlreiche internationale Hilfsprogramme zur Rettung der Lagunenstadt. Die schon um 1890 einsetzende Abwanderung der Bevölkerung, die durch die rücksichtslose Industrie- und Tourismuspolitik immer gravierender wurde, kommt inzwischen einem Exodus gleich. Heute besuchen Jahr für Jahr mehr als zehn Millionen Touristen das historische Zentrum Venedigs, in dem inzwischen nur noch rund 60.000 Venezianer leben.[15]

3. Venedig als morbides Sinnbild Italiens ?

Immer wieder liest oder hört man von Venedig als der sinkenden Stadt. Im Zusammenhang mit Italien fallen einem zunächst Urlaub und gutes Essen ein, aber laut der Medien scheint es von der aktuellen Wirtschaftskrise besonders hart getroffen.[16] Ebenso wird Venedig von seinen Besucherhorden immer mehr auf die Probe gestellt. Aber inwiefern spiegelt die prekäre Situation Venedigs den Zustand von ganz Italien - dem spät geeinten Nationalstaat, mit seinem Sorgenkind dem Mezzogiorno, seiner komödienhaften Politik und seinen ökonomischen Schwierigkeiten - wider?

---

[13] vgl. KARSTEN, A.; MISCHER, O. (2007, S.176)
[14] Das 1861 neu gegründete Königreich Italien ist Verbündeter Preußens.
[15] vgl. KARSTEN, A.; MISCHER, O. (2007, S.177)
[16] vgl. STILLE, A. (2009, S.18-22)

3.1 Primärer und sekundärer Sektor – belastende Überreste aus besseren Tagen

Tatsächlich möchte ich die Bereiche des primären und sekundären Sektors in meiner Analyse nur streifen, da sie keine tragende Rolle für Alt-Venedig spielen, auf das sich diese Untersuchung konzentriert. Dennoch erachte ich sie als zu wichtig, um sie völlig außen vor zu lassen, da zumindest der sekundäre Sektor - vornehmlich in Form von Porto Marghera - großen Einfluss auf die Entwicklung Venedigs hatte und immer noch hat. Vor allem die Probleme ökologischer Art, die durch Eingriffe der Industrie in das Lagunenökosystem entstanden sind, bedrohen Alt-Venedig (siehe 3.4).

Die Landwirtschaft im Raum Venedig ist heute fast gänzlich zu vernachlässigen, da sie sich nur auf einen sehr bescheidenen Anbau von Gemüse auf einigen der kleineren Inseln und eine minimale Aktivität von Fischerei beschränkt. Vor allem ist hier Sant'Erasmo zu erwähnen, das traditionell als Gemüselieferant für die Bewohner der Altstadt fungiert. Das wenige angebaute Obst und Gemüse wird dann auf Märkten[17], wie dem Mercato di Rialto[18], in der Stadt verkauft. Teil davon ist auch die Pesceria, ein Fischmarkt, auf dem u. a. die Fische und Muscheln verkauft werden, die trotz der

Abbildung 4: Fischer in der Lagune

starken Belastung der Lagune noch vor Ort gezüchtet bzw. gefischt (Abb. 4) werden.[19] Erwähnenswert wäre mit Sicherheit auch die sehr intensivierte Landwirtschaft, die auf dem Festland ihren Sitz hat, jedoch ist auch dieser Bereich für diese Analyse nur insofern interessant, als die in die Lagune eintretenden Düngemittel ebenfalls eine Belastung für diese darstellen(siehe 3.4).

Weit mehr lässt sich zur Entwicklung des sekundären Sektors in Venedigs Umfeld sagen, da dieser seit jeher viel diskutiert ist.[20] Inwiefern er für die Stadt eine Bereicherung oder ein Belastung darstellt, muss kritisch bewertet werden. Den Anfang der Industrialisierung stellte das Gründungsgesetz 1917 dar[21], mit dem die Geschichte von Porto Marghera als Industriestandort seinen Anfang nahm. Das relativ späte Gründungsdatum ist darauf zurückzuführen, dass die Industrialisierung in Italien allgemein später als in anderen europäischen Staaten einsetzte.[22] Da Italien selbst nur über wenig Rohstoffe verfügt waren schon immer Importe nötig. Deshalb setze *Volpi*, der Planer von Porto Marghera, von Anfang an auf solche Branchen, die transportkostenintensiv sind, weil sie einen großen Bedarf an sogenannten „armen Rohstoffen" haben.[23] Für diese Branchen war eine Ansiedlung direkt an einem Hafen sinnvoll, weil so

---

[17] vgl. DÖPP (1977, S.109-146)
[18] existent seit 1079. An die Stelle des traditionellen Fischmarktes wurde 1907 die Pesceria, eine neogotische Markthalle mit offenen Arkaden und originell verzierten Säulen, traditionsgemäß auf Lärchenholzpfählen erbaut.
vgl. MTCH AG (2009)
[19] vgl. BUCHWALD, K. (1995, S.102)
[20] vgl. DÖPP (1986, S.322)
[21] vgl. BUCHWALD, K. (1995, S.99)
[22] vgl. DÖPP (1986, S.12)
[23] vgl. DÖPP (1986, S.22)

Transportkosten gespart werden konnten. Die Idee der fabrikeigenen Kais in Porto Marghera wurde speziell darauf abgestimmt. Diese Fakten führten, zusammen mit der Tatsache, dass dank der Nähe der Alpen - mit seinen Hydroelektrizitätswerken - ausreichend billige Energie zur Verfügung stand zur Ansiedlung bestimmter Industriebranchen in Porto Marghera.[24] Hierzu zählten u. a. die Grundstoffchemie (Petrolchemie, Düngemittelerzeugung, Kunststoff- und Chemiefaserherstellung), die Metallurgie (Aluminium, Zink), Mineralölverarbeitung, Flachglaserzeugung und Kokerei und die Schamottenbrennerei. Davon unabhängig siedelten sich in Porto Marghera noch Schiffs- und Maschinenbau, Nahrungsmittelerzeugung sowie Mühlenindustrie an. Einige dieser Branchenzweige entwickelten sich als Folge anderer bereits vorhandener Industrien[25], die selbst wiederum aufgrund des speziellen Standortes auftraten. Allgemein wurde in Porto Marghera ein hoher Grad an Verzahnung der einzelnen Betriebe untereinander erreicht.[26] Im Lauf der Zeit traten natürlich noch äußere Einflüsse hinzu, wie etwa die Weltwirtschaftskrise[27] oder die Teilnahme an verschiedenen kriegerischen Auseinandersetzungen[28], die die branchentechnische Entwicklung des Industriegebietes veränderte. Die verschiedenen Phasen lassen sich wie folgt einteilen: Erste Gründungsphase (1917-32), Erste Konsolidierungs- und Ausbauphase (1933-42/43), Intervallphase (1943/44-52), Zweite Gründungsphase (1953-62), Zweite Konsolidierungs- und Ausbauphase (1963-73) und Umstrukturierungs- und Abbauphase (ab 1974). Wie die Betitelung der einzelnen Phasen schon vermuten lässt, war das Industriegebiet einigem Auf und Ab ausgesetzt, die zuletzt in seinen verstärkten Abbau mündeten, da der Platzmangel, die allgemeinen branchenspezifischen Konjunkturkrisen, die Überalterung der Anlagen und vor allem die politischen Entwicklungen im Bereich des Umweltschutzes übermächtig wurden. Trotz staatlicher Eingriffe und großen Investitionssummen scheint die Rettung von Porto Marghera als führenden Industriestandort in Italien und Europa schwierig zu sein. Neuere Ansätze sprechen davon auf Leichtindustrie umzusatteln, aber ob dies tatsächlich geschehen wird, ist fragwürdig.[29] Tatsächlich wäre es für Venedig und seine Umgebung – was den Verlust der Arbeitsplätze angeht – fatal, sollte Porto Marghera tatsächlich als Standort total aufgegeben werden. Heute stellt es trotz der inzwischen zahlreich eingeleiteten Gegenmaßnahmen vor allem eine

Abbildung 5: Porto Marghera ca. 1950-1960

ökologische Belastung für die Lagune und damit eine Gefahr für Alt-Venedig dar. Jedoch ist dies nicht die einzige und wie es scheint vor allem nicht die schlimmste Bedrohung, die die Serenissima heute bedrängt.

---

[24] vgl. DÖPP (1986, S.35)
[25] vgl. DÖPP (1986, S.54)
[26] vgl. DÖPP (1986, S.318)
[27] vgl. DÖPP (1986, S.75)
[28] vgl. DÖPP (1986, S.98f)
[29] vgl. DÖPP (1986, S.321)

Inwiefern Venedig den Rest von Italien in Bezug auf den primären und sekundären Sektor repräsentiert ist nicht ganz einfach zu beurteilen, da Italien schon immer eine sehr starke Ausprägung regionaler Disparitäten aufweist. Der als ewiges Sorgenkind betrachtete Süden scheint seine wirtschaftlichen Probleme einfach nicht überwinden zu können, egal wie viele Bemühungen die verschiedensten Stellen auch an den Tag legen mögen. Obwohl der Agrarsektor nur noch minimal zum Volkseinkommen beiträgt, prägt er dennoch weiterhin die unverbaute Kulturlandschaft Italiens. Die wirtschaftliche Tätigkeit beschränkt sich auf besonders bodenintensive und marktorientiere Anbauweise, der auch nur an den rentabelsten Standorten (Ebenen und Hügelländern, v.a. der Poebene) nachgegangen wird und den nationalen und internationalen Markt vor allem mit spezifischen Erzeugnissen, wie Wein, Obst und Gemüse beliefert. Insofern ist ein Vergleich mit der Landwirtschaft von Inselvenedig wenig sinnvoll. Ganz anders im Bereich der Industrie; hier kann man die oben erläuterten Probleme durchaus mit der Situation des gesamtitalienischen sekundären Sektors vergleichen. Abgesehen vom positiven „Sonderfall" des „Dritten Italien" entspricht die marode und heikle Lage der Industrien im Raum Venedig auch der Situation der landesweiten Industriebranche.[30]

3.2 Tourismus - notwendiges Übel oder lediglich Gefahr für die Stadt?

In beinahe regelmäßigen Abständen berichten die Medien auf der ganzen Welt über die krassen Ausmaße, die der Tourismus inzwischen in Venedig angenommen hat. Schon viele Studien wurden durchgeführt, um zu untersuchen, wie weit das Problem schon fortgeschritten ist und wo eigentlich die Wurzeln des ganzen Übels liegen. Lässt sich Venedig noch retten oder ist es unabwendbar dem Untergang geweiht, den es selbst noch durch Anwerbung von immer mehr Touristen zu beschleunigen scheint? Aber die jährlich etwa 12 Millionen Touristen[31] sind nicht nur Übel für die Stadt, sondern mittlerweile auch ihr Lebenselixier. Sie bringen Geld in die Stadt. Obwohl die Problematik besteht, dass die meisten von ihnen nur Tagesausbesucher sind und deshalb im Verhältnis der Belastung, die sie darstellen, nur eher wenig Geld zurücklassen[32], stellen sie dennoch für den Großteil der noch verbliebenen Venezianer die Einkommensbasis dar – mal ganz abgesehen von den vom Festland kommenden Einpendlern, die ihr Geld im Dienstleistungssektor verdienen.[33]

Ein weiterer positiver Nebeneffekt der Besucherströme ist, dass Erhaltungsmaßnahmen ergriffen und überhaupt erst ermöglicht werden. Um weiter zu bestehen und vor allem als Ausflugsziel gegenüber der weltweiten Konkurrenz attraktiv

Abbildung 6: Überfüllte Gasse im historischen Stadtkern

---

[30] vgl. ROTHER (2001, S.4-9)
[31] vgl. DAVIS; MARVIN (2004, S.55)
[32] vgl. SCHÜMER (2003, S.48ff)
[33] vgl. FEHR (2007)

zu bleiben, müssen ständig Restaurationsarbeiten und ähnliche Erhaltungsmaßnahmen durchgeführt werden. Oft sind ebendiese durch Spenden der Besucher bzw. internationaler Organisationen und Vereine finanziert, die es sich zum Ziel gemacht haben Venedig zu retten. Das Interesse an der Erhaltung einer der berühmtesten Städte der Welt liegt der Welt vor allem seit dem Jahrhunderthochwasser von 1966 am Herzen. Seitdem wurden nicht nur von staatlicher Stelle oder der EU Unmengen von Geld zur Rettung Venedigs investiert, sondern v.a. auch von Privatpersonen und Firmen überall auf der Welt. Man muss also festhalten, dass es Venedig womöglich schon gar nicht mehr geben würde, oder zumindest nicht so, wie wir es heute kennen, wenn nicht unzählige Menschen auf der ganzen Welt so großes Interesse an ihm hätten.

Ungeachtet dieser vorteilhaften Aspekte lassen sich leider auch viele negative Punkte finden. Insbesondere die Venezianer leiden unter der großen Beliebtheit ihrer Stadt. Es ist geradezu schockierend, wie sie immer mehr die Herrschaft und Kontrolle über ihr eigenes Zuhause an den Massentourismus verlieren. Dieser scheint zu einem wahrhaftigen Selbstläufer geworden zu sein und hat indes zu einem exodusähnlichen Weggang der Venezianer geführt. Die Verbliebenen müssen unter den verschiedensten Erschwernissen ihren Alltag meistern. Aufgrund der beinahe ganzjährigen Hochsaison sind sie andauernd Belästigungen ausgesetzt, wie etwa dem zusätzlichen Lärm, der durch die Menschenmassen, das ausschweifende Nachtleben und den erhöhten Schiffsverkehr verursacht wird. Die großen Kreuzfahrtschiffe ankern teilweise genau vor ihren Fenstern, sodass von Nachtruhe nicht mehr die Rede sein kann. Vibrierende Fenster und ständige Maschinengeräusche lassen die Erholung im eigenen Zuhause zu einem Wunschtraum werden.[34] Ferner stoßen sie Schadstoffe, Dioxin sowie mehrere Arten von Feinstaub aus und fahren mit Treibstoff, der einen hohen Schwefelanteil hat. Ganz abgesehen von den immensen Wassermassen, die sie bewegen.[35] Außerdem tritt durch die zusätzliche Zahl von Menschen in der Stadt auch eine erhöhte Belastung der Infrastruktur auf, die die einfachsten Alltagstätigkeiten zu einer Herausforderung machen können. Die Nutzung

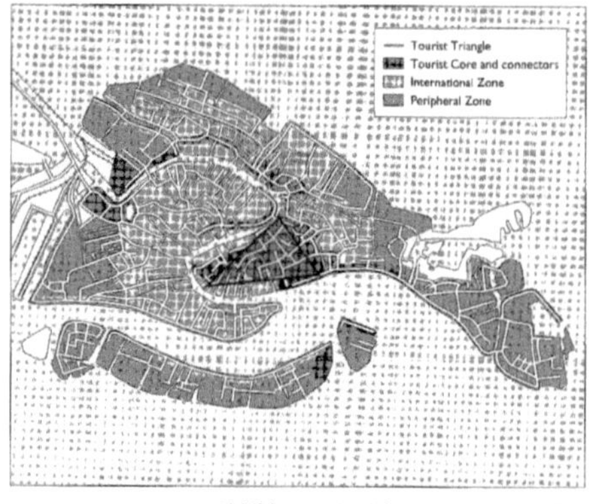

Abbildung 7: Soziale Zonierung Venedigs

der Straßen ist manchmal durch regelrechte Staus, vor allem auf den „Hauptverkehrsrouten", so gut wie unmöglich, sodass Einkäufe oder der Weg zur Arbeit eine Herausforderung werden. So gut es geht versuchen die Venezianer diesem Problem mittels „geheimer Schleichwege" auszuweichen, jedoch sind sie zur Überquerung der unzähligen Kanäle gezwungen die Brücken zu nutzen, obwohl gerade hier die Stauproblematik am akutesten ist. Deshalb sind viele dazu übergegangen ihre Erledigungen schon möglichst früh – noch vor dem täglichen Eintreffen der Massen – zu besorgen, um sich dann quasi in ihren Häusern zu verschanzen, bis der Andrang abends wieder nachlässt. Den

---

[34] vgl. DAVIS; MARVIN (2004, S.206)
[35] vgl. ULRICH (2008)

meistgefragten Bereich von Inselvenedig bestimmt das Dreieck „Piazza San Marco", „Ponte di Rialto" und „Galleria dell'Accademia"(Abb. 7).[36] In dieser Zone des historischen Zentrums und der nächsten Umgebung kommt es ab einer geschätzten Besucherzahl von 25 000 vermehrt zu solchen Stausituationen. Teilweise kann dies sogar zu einem Beinahe-Stillstand dieses gesamten Bereiches kommen.[37] Im Gegensatz dazu fällt das Interesse an anderen Teilen der Stadt extrem ab.

Eine weitere ungünstige Entwicklung ist, dass Läden für alltägliche Besorgungen zugunsten von touristenorientiertem Einzelhandel aufgegeben werden, sodass die Bewohner teilweise schon genötigt sind ihre Besorgungen auf dem Festland zu machen, weil in der Altstadt selbst die entsprechenden Geschäfte nicht mehr existieren. Diese Veränderung der Geschäftsstruktur trägt weiter zu der immer deutlicheren kulturellen Aushöhlung der Stadt bei. Auch die allgemeine Preisentwicklung, die sich auch auf die Lebenserhaltungskosten stark auswirkt macht ein „Überleben" in der Stadt schwer. Viele weniger wohlhabende Einwohner mussten ihre Wohnungen und Häuser aufgeben und auf das nahe Festland umziehen, weil die Mietpreise so stark angehoben wurden, dass eine Leben auf Inselvenedig nicht mehr bezahlbar ist.[38]

Abbildung 8: Piazza San Marco während des Karneval

Ein tatsächlich ausschließlich die Einwohner betreffendes Problem ist die Respektlosigkeit der Touristen. Die Venezianer haben den Ruf nicht besonders empfindlich zu sein (vor allem weil sie von der Anwesenheit ihrer Besucher leben), sodass viele Touristen jeglichen Respekt vor der Stadt und ihren Einwohnern verlieren. Die allgemein verbreitete Meinung, Venedig gehöre als Weltkulturerbe allen Menschen – nicht den Venezianern – verleitet, in Kombination mit dem Gefühl der gnädige Geldgeber zu sein, häufig dazu sich außergewöhnlich dreist zu verhalten. Man nimmt keine Rücksicht auf die natürliche Grenze der Privatsphäre, sondern dringt bis in die hintersten Winkel, teilweise sogar in private Räumlichkeiten, ein.[39] Den öffentlichen Raum haben die Venezianer schon lange an die Massen verloren. Die ehemals mit einer sozialisierenden Funktion versehenen zahlreichen „piazzette" zeigen kein venezianisches Leben mehr, sondern genau wie der Rest der Stadt Touristen auf der Suche nach dem originalen Gefühl in Venedig zu sein. Jegliche Refugien der Venezianer fallen nach und nach ebenfalls den Massen zum Opfer. Die Stadt verwandelt sich immer mehr in ein Museum oder einen Themenpark wie Disneyworld, dessen Besucher sich auch entsprechend verhalten, als ob sie – der Kunde – König wären. Ganz abgesehen von den negativen Entwicklungen, die der Massentourismus[40] für die Venezianer mit sich brachte, dürfen nicht die Veränderungen vergessen werden, die die Stadt an sich betreffen. Denn auch die letze Festung scheint zu fallen – die Kultur. Auch diese kann nicht

---

[36] vgl. DAVIS; MARVIN (2004, S.79 und ULRICH (2008)
[37] vgl. DAVIS; MARVIN (2004, S.85)
[38] vgl. DAVIS; MARVIN (2004, S.98ff)
[39] vgl. DAVIS; MARVIN (2004, S.95)
[40] ab den 1880ern, d.h. schon vor Einsetzen des europäischen Konsumtourismus der 1920er

mehr vor dem Eindringen der Fremden geschützt werden. Feste wie der 1979 wiederbelebte Karneval, die ab 1975 wieder praktizierte „Vogalonga" oder das ab 1866 gefeierte „Festa del Redentore" werden mittlerweile nicht nur von den Besuchermassen dominiert (Abb. 8), sondern teilweise gar nicht mehr von Venedig selbst veranstaltet. Sponsoren wie Coca Cola oder die übertragenden Fernsehsender übernehmen die Kontrolle. Alles wird zur Touristenattraktion. Die venezianische Kultur wird umgewandelt in ein „kulturelles Erlebnis". Eigentlich bedeutet dies ein „Ableben der Kultur Venedigs" und mit diesem Tod seiner Kultur, dem Weggang seiner Einwohner und der Freigabe der ganzen Stadt als Besichtigungsstätte stirbt Venedig selbst.[41] Zurück bleibt eine leere Hülle, die da steht wo die berühmte Serenissima einmal stand. Aber selbst diese Verluste sind noch nicht alles, was die Stadt dank ihrer zahlreichen Besucher ereilt. Auch wie die Stadt in Erscheinung tritt ist heute durch die Wünsche und Vorstellungen ihrer Gäste festgelegt. So ist dem heutigen Venedig eine Art Stagnation vorherbestimmt, um das Alte oder zumindest die Illusion[42] des Alten immer weiter aufrecht zu erhalten. Und trotzdem das die oberste Maxime bei allen Entscheidungen zu sein scheint, gefährdet man ebendies, um den Besucherfluss nicht zu gefährden. Die seit der Zeit der Serenissima praktizierte zyklische Reinigung der Kanäle und kleineren „rii" ist unbedingt nötig, um die Wasserwege befahrbar und das Wasser selbst möglichst sauber zu halten. Obgleich dieses Wissens setzten die Entscheidungsträger diese zyklische Reinigung nach dem Krieg für mehrere Jahrzehnte aus, da zu diesem Zweck der jeweils betroffene Abschnitt gesperrt werden muss und eine solche Sperrung unweigerlich eine Behinderung der Besucherflusses bedeutet hätte. Auch hatten sich immer wieder Wahlvenezianer und Hotelbesitzer über solche Störungen beschwert.[43]

Ein letztes Problem ist eines, das in der kurzen Zeit des Jahres auftritt, in der Venedig nicht von Besuchermassen dominiert ist, obwohl es dennoch mit ihnen zu tun hat. Nämlich die Taubenplage. Der Zusammenhang ist folgender: Eine der beliebtesten Beschäftigungen der Touristenhorden war das Füttern der Tauben auf der Piazza San Marco, während ein Foto von ihnen gemacht wurde. Dieses Überangebot an Futter führte zu einem starken Anwachsen der Taubenpopulation. Dann im Winter, wenn weniger Touristen, also auch weniger Futter, vorhanden waren, verhungerten unzählige Tauben und wurden so durch ihre Kadaver ein Gesundheitsrisiko. Diese Entwicklungen führten dazu, dass die Stadtverwaltung 1997 sogar gesetzliche Maßnahmen ergriff[44]. Als jedoch nach einer kurzzeitigen Verbesserung 2003 wieder der alte Stand der Taubenpopulation erreicht war, kapitulierte man erst und verbot jetzt bei einer Strafe von 500 € das Füttern der Tauben grundsätzlich.[45] Dieses verzweifelte Aufgeben ist den Venezianern inzwischen in Fleisch und Blut übergegangen, da es meist mehr Energie kostet sich unerfolgreich zu wehren, als sich einfach den Gegebenheiten bestmöglich anzupassen.

Italien ist allgemein schon immer ein sehr beliebtes Reiseziel gewesen, vor allem aber seitdem Urlaub auch für die unteren Einkommensgruppen erschwinglich wurde. Während der Krise der 70er galt der Tourismus gar als Sauerstoffflasche der kränkelnden italienischen Wirtschaft. Jedoch

---

[41] vgl. DAVIS; MARVIN (2004, S.238ff)
[42] vgl. DAVIS; MARVIN (2004, S.219)
[43] vgl. DAVIS; MARVIN (2004, S.188)
[44] sterilisierendes Futter, Fütterverbot außerhalb der Piazza San Marco
[45] vgl. DAVIS; MARVIN (2004, S.76ff) und STEUCKART (2008)

setzte der große Boom, mit dem Problem der Überfüllung während der kurzen sommerlichen Saison, im Rest Italiens allgemein erst später ein als in Venedig, wo schon ab den 1880ern von Massentourismus die Rede ist. Und trotz dieser Überlastung zu Spitzenzeiten kann beim Rest von Italien nur in wenigen Fällen die Rede davon sein, dass der touristische Sektor Probleme solchen Ausmaßes nach sich zieht, wie dies im fragilen Gefüge von Venedig der Fall ist.[46] Im Tourismussektor steht also einer positiven Gesamtbilanz für Italien eine negative Bilanz für Venedig gegenüber.

3.3 Altersschwache Infrastruktur und bröckelnde Bausubstanz

Gerade bei der Infrastruktur und der Bausubstanz tritt deutlich der morbide Zustand von Venedig hervor. Diese Morbidität hat zahlreiche Ursachen, die zu großen Teilen anthropogener Natur sind. Bei der Untersuchung der Infrastruktur werde ich mich auf den v.a. interessanten Teilbereich der technischen Infrastruktur beschränken.

Abbildung 9: Heruntergekommene Häuser in einem Seitenkanal

Speziell war an der venezianischen Infrastruktur von jeher die Kanalisation, denn die Abwässer werden bis heute einfach in das Kanalsystem eingeleitet. Was zur Blütezeit der Serenissima unproblematisch war[47], ist heute ein Problem – Venedig besitzt noch immer keine Kläranlage. Die dadurch auftretende Belastung der Lagune ist heute immens (siehe 3.4). Eine weitere Angelegenheit, die das Netzwerk der Kanäle betrifft, ist die bereits erwähnte Vernachlässigung ihrer zyklischen Reinigung. Die Aussetzung dieser Tätigkeit nach dem Zweiten Weltkrieg für ca. 70 Jahre hat zu einer inzwischen so starken Verschmutzung v.a. der kleineren Seitenkanäle geführt, dass manche bei Ebbe buchstäblich trockenfallen. Das wäre an sich nicht dramatisch, wenn damit nicht auch die öffentliche Sicherheit gefährdet würde. Wie sich deutlich im Fall des Brandes des berühmten Opernhauses La Fenice im Jahr 1996 zeigte, kann nämlich das Trockenfallen der Seitenkanäle beispielsweise die Feuerwehr behindern. Selbstverständlich ist diese in Venedig zu Wasser unterwegs, ebenso wie sie das Kanalwasser als Löschwasser verwendet. Im Fall von La Fenice waren die Kanäle der Umgebung entweder trockengelegt, weil endlich die Reinigung wiederaufgenommen worden war, oder sie führten zu wenig Wasser, weil sie eben noch nicht gereinigt worden waren.[48] Ähnliche Probleme könnten auch im Fall eines medizinischen Notfalls eine Behinderung darstellen.

Eine viel drängendere Problematik, die indirekt auch mit der Infrastruktur zusammenhängt, ist die allgemeine Degradierung der Bausubstanz (Abb. 9). Da teilweise die Fundamente der Häuser gleichzeitig auch der Begrenzung der Kanäle entsprechen, ist hier ein natürlicher Zusammenhang gegeben. Tatsächlich bedrohen nämlich die Wasserstraßen selbst die Fundamente. Ein erster Punkt sind hier die immer häufiger und in schlimmerem Ausmaß auftretenden Hochwasser und die

---

[46] vgl. ROTHER (2001, S.4-9)
[47] vgl. HUSE, N. (2005, S.27)
[48] vgl. SALVATORE (2000, S.16) und BUCHWALD, K. (1995, S.107)

geänderten Gezeitenhochstände[49]. Beide Erscheinungen bewirken das Eindringen von Salzwasser und aggressiven Stoffen – bestehend aufgrund zunehmender Verschmutzung und Verölung des Lagunenwassers – in das Ziegelmauerwerk, was dann erstens zur Auswaschung des Mörtels führt und zweitens die Ziegelsteine einfach zerfallen lässt. Der speziell zum Schutz davor eingesetzte Sockel aus istrischem Kalkstein liegt inzwischen einfach zu tief, sodass durch ihn das Angreifen des geziegelten Mauerwerks nicht mehr verhindert wird. Außerdem hat der Salzgehalt des Lagunenwassers zugenommen, wodurch der Effekt noch zusätzlich verstärkt wird.[50]

Das „Zu-tief-Liegen" des schützenden Kalksteinsockels hängt mit der allgemeinen Senkungsthematik zusammen. Diese hat vier Ursachen: 1. den weltweiten allgemeinen Meeresspiegelanstieg (etwa 1-2 mm/Jahr), 2. natürliche tektonisch bedingte Senkungsbewegungen im Bereich der Poebene (etwa 1mm/ Jahr), 3. Sackungserscheinungen der tonig-lehmigen Schichten- in der die Pfahlroste der Stadt stecken- aufgrund der reichlichen Entnahme fossilen Grundwassers (verstärkt seit 1930 zum Zweck der Versorgung der Industrie auf der terraferma) und 4. Sackungserscheinungen (v.a. der südlichen Nachbarschaft der Lagune) als Folge der Erdgasförderung im Podelta seit Ende er 40er Jahre, die daraufhin 1961 wieder eingestellt bzw. weiter nach Süden verlegt wurde. All diese Faktoren bedingen also ein Absinken der Lagunenstadt.[51]

Besonders stark bedroht sind hiervon die Wohnhäuser der einfacheren Bevölkerung, da diese (im Gegensatz zu öffentlichen Gebäuden, Kirchen und Palästen reicher Familien) aus finanziellen Gründen von vornherein über gar keine Kalksteinsockel verfügen und weil diese am allerseltensten von den internationalen Bemühungen zur Restauration der Stadt profitieren. Gerade diese werden dann oft so baufällig, dass eine weitere Nutzung als Wohnraum lebensgefährlich wäre. Nicht selten kommt es deshalb zur Zwangsevakuierung der Einwohner und zu deren unumgänglichen Umzug in ein Hotel oder auf die „terraferma".

Abbildung 10: Alltagsszene auf dem Canal Grande

Eine noch entscheidendere Auswirkung dieser Entwicklungen ist ferner, dass – aufgrund des größeren Tidenhubes – die mittelalterlichen Eichenpfähle der Fundamente von Fäulnis bedroht sind, weil sie nicht mehr dauerhaft unter der Wasserlinie stehen.[52] Ebenso sind die Fundamente der Stadt durch den Befall unzähliger Holzpfähle durch Mikroorganismen heute in bedenklichem Ausmaß beschädigt.

Zuletzt verursacht auch noch der Wellenschlag – genannt „moto ondoso" - durch Motorboote (Abb. 10), vor allem im innerstädtischen Verkehr, eine mechanische Beschädigung der Pfahlroste, der Kanalmauern und der Baufundamente.[53] Hauptproblem ist hierbei der starke Anstieg des motorisierten Verkehrsaufkommens auf den Kanälen durch die „vaporetti", die unzähligen kleineren Motorboote (Taxis, Privatboote und sogar

---

[49] unterschiedlicher Wasserpegel bei Ebbe und Flut
[50] vgl. DÖPP (1988, S.49-55)
[51] vgl. BUCHWALD (1995, S.97-110) und DÖPP, W. (1988, S.49-55)
[52] vgl. BUCHWALD (1995, S.97-110)
[53] vgl. DÖPP (1988, S.49-55)

Bootstouristen)[54] und die sogenannten „lancioni di granturismo". Bisher eingeleitete Gegenmaßnahmen zeigten so gut wie keine Wirkung. [55] Noch eine letzte mit dem Wasser zusammenhängende negative Entwicklung ist die Begünstigung der Schimmelbildung v.a. in Kirchen sowie Wohnhäusern. Die allgemein vorherrschende Feuchtigkeit und die immer stärkere Durchfeuchtung der Wände führen so noch auf eine andere Art zum Verlust von Wohnraum oder zumindest zu einer Gesundheitsgefährdung der Bevölkerung. Ebenso die Exkremente der unzähligen, durch die Touristen noch vermehrten, Tauben. Aber nicht nur die Gesundheit der Bevölkerung wird von ihnen bedroht, sondern ebenso die Bauwerke selbst. Die ätzende Wirkung der Taubenexkremente –täglich bis zu 4 t –[56] greifen die wunderschönen Fassaden und freistehenden Kunstwerke überall in der Stadt an.[57] Ähnliches bewirken Schadstoffe in der Luft, die bei ungünstiger Witterung smogähnliche Verhältnisse schaffen. Diese stammen zumeist von den festländischen Industriebetrieben.[58]

Da Venedig wegen seiner Infrastruktur und Bausubstanz ein Sonderfall ist, ist ein Vergleich mit Restitalien schwierig. Grundsätzlich lässt sich sagen, dass inzwischen auch Italien über eine an sich gute Infrastruktur verfügt, dass diese jedoch aufgrund mangelhafter Instandhaltungsmaßnahmen, v.a. im Süden, nicht überall in einem idealen Zustand ist. Was die Bausubstanz angeht, so lässt sich wirklich nicht sagen, inwiefern Venedig hier ein Sinnbild sein könnte oder nicht. Die Tatsache, dass Instandhaltungsmaßnahmen unüblich sind, lassen aber auch Restitalien diesbezüglich nicht im besten Licht erstrahlen.

3.4 Ökologische Probleme

Ökologische Fragen in Zusammenhang mit Venedig betreffen eigentlich immer das labile Ökosystem der Lagune, nicht die Stadt selbst. Jedoch ist es zum Schutz Venedigs unabdingbar die Lagune zu schützen, da beide eine untrennbare Einheit darstellen.[59] Deshalb stellt man sich heute die Frage, wie man den immer stärkeren Massentourismus in Einklang mit der Balance der Lagune bringen kann.[60] *Buchwald,K.:*

„Die ökologische Geschichte Venedigs, seine Belastungen und seiner Gefährdung ist nur verständlich als Teil der Entwicklung der umgebenden Landschaftsräume: der Lagune von Venedig, der nördlichen Adria, ihres Küstenraumes und Einzugsgebietes und der Poebene sowie des Einzugsgebietes des Po zwischen Savoyischen Alpen, Nordabfall des Apennin und Südalpenraum. Dazu treten die im engeren Stadtbereich von Venedig, Mestre und Marghera erzeugten Belastungen."[61]

Zunächst lässt sich anmerken, dass während der Gründungsphase und Hochblüte Venedigs keine gefährliche Belastung der Lagune auftrat. Im Gegenteil ergriffen die Venezianer sogar zahlreiche Maßnahmen zur Erhaltung ihres so wichtigen Gleichgewichts. Als dann im 18. und 19. Jahrhundert der politische und wirtschaftliche Verfall der Stadt einsetze wurden diese Maßnahmen schändlich

---

[54] vgl. DAVIS; MARVIN (2004, S.170)
[55] vgl. DAVIS; MARVIN (2004, S.196-202, 245)
[56] vgl. STEUCKART (2008)
[57] vgl. DAVIS; MARVIN (2004, S.77) und DÖPP (1988, S.49-55)
[58] vgl. DÖPP (1988, S.49-55)
[59] vgl. DÖPP (1988, S.49-55)
[60] vgl. DAVIS; MARVIN (2004, S.180)
[61] BUCHWALD (1995, S.100)

vernachlässigt. Noch schlimmer wurde es allerdings ab Beginn des 20. Jahrhunderts als Folge der einsetzenden industriegesellschaftlichen Entwicklung. Heute trägt zusätzlich auch noch der Massentourismus, beispielsweise in Form von erhöhtem Verkehrsaufkommen in der Lagune, zur Gefährdung der Lagune bei.[62]

Den Anfang machte man allerdings etwa 1800 mit der Aufspülung von Flächen für Industrie und Landwirtschaft sowie mit der Eindeichung von Fischseen[63]. Dies führte zum Verlust von insgesamt 30 % der Überflutungsfläche der Lagune. Benutzt wurde dafür das Baggergut, das beim Ausbau der Kanäle für Seeschifffahrt und Tankerverkehr der drei Industriezonen anfiel. Dieser Verlust von Überflutungsraum in Kombination mit der gleichzeitigen Schaffung von breiten Einfallsrinnen für eindringende Flutwellen trug nicht unwesentlich zur heutigen katastrophalen Hochwassergefährdung Venedigs bei.

Ein nicht zu vernachlässigender Punkt ist, dass die Lagune von Venedig die städtischen, industriellen und landwirtschaftlichen Abwässer eines Einzugsgebietes mit hoher Bevölkerungsdichte, hohem Industrialisierungsgrad und intensiver landwirtschaftlicher Nutzung aufnehmen muss. Hinzu kommen dann noch die Belastungen aus dem enormen Einzugsgebiet des Po und der Poebene. Als Folge dieses hohen Eintrags sauerstoffzehrender organischer Massen (kommunale Abwässer, düngende Substanzen) werden Eutrophierungsprozesse ausgelöst, die in Teilen der Lagune zeitweise sogar zur Entwicklung anaerober Bedingungen führen können. Dies schuf die Voraussetzung für das Auftreten von Keimen, wie zum Beispiel Typhus-, Paratyphus-, Hepatitis- oder gar Coli-Bakterien.[64] Speziell der Eintrag von Nitraten und Phosphaten führte periodisch zum Auftreten von „Algenblüte" – sogar entlang der gesamten nördlichen Adria. Sie kann den Sauerstoffgehalt des Wassers so sehr beeinträchtigen, dass die Fischbestände der Lagune – v.a. wirtschaftlich interessante Arten – in Gefahr geraten. Der Industrieboom der 50er und 60er in Porto Marghera brachte dann die Einleitung von immer mehr ungeklärten Industrieabwässern und eine erhöhte Wasserverschmutzung durch Großschifffahrtsverkehr bzw. den Erdölterminal San Leonardo mit sich.[65] Die eintretenden toxischen Stoffe verseuchten große Teile der Lagune in einem solchen Ausmaß, dass laut WHO-Grenzwerten das Baden und die Muschelzucht nicht mehr empfehlenswert wären. Besonders in der Nähe der Industriezone war die gemessene Konzentration toxischer Elemente und Verbindungen (Schwermetalle, Zyankali, aliphatische und aromatische Kohlenwasserstoffe) viel zu hoch. Gerade solche persistenten Schadstoffe werden dann in Sedimenten und Organismen angereichert und so zu einem dauerhaften Problem.[66]

Abbildung 11: Industriezone von Porto Marghera

---

[62] vgl. DAVIS; MARVIN (2004, S.176f, 180)
[63] vgl. DÖPP (1988, S.49-55)
[64] vgl. BUCHWALD (1995, S.101f)
[65] vgl. DÖPP, W. (1988, S.52) und SALVATORE, G. (2000, S.62)
[66] vgl. BUCHWALD (1995, S.97-110)

Ein anderes direkt von Lagunenvenedig ausgehendes Problem sind die teils immer noch veralteten Heizungsanlagen der Wohnhäuser. Zwar hat eigentlich längst die Umstellung auf weniger emissionsintensive Heizstoffe stattgefunden, dennoch besteht die Problematik in Teilen bis heute. Der immer schlechtere Zustand der Lagune und die zunehmende Wahrnehmung von Umweltproblemen im letzten Drittel des 20. Jahrhunderts führte endlich - im Jahr 1984 - dazu, gezielt Maßnahmen zur Renaturierung der Lagune einzuleiten und ihre drohende Umwandlung in einen Meeresarm zu verhindern. Tatsächlich war dies das erste Großprojekt Italiens, das ökologische Ziele verfolgte. Seit diesem Zeitpunkt versucht man bei der Sicherung Venedigs möglichst gleichzeitig auch den Naturschutz und die Erholungsfunktion der Lagune zu berücksichtigen.[67]

Trotzdem hat man es bis heute nicht geschafft die Stadt mit einer Kanalisation zu versehen.[68] Inzwischen erfolgt zwar nicht mehr die direkte Einleitung in die Kanäle, aber dennoch wird die Lagune weiter belastet. Nämlich durch die Schiffe, die jetzt die gesammelten Abwässer abpumpen und abtransportieren. So wurde das eine Übel nur durch ein anderes ersetzt. Vor allem Anbetracht der Tatsache, dass durch die unzähligen Besucher die Menge einfach immer größer wird. Ähnlich ist es mit der Müllentsorgung. Auch hier sind die Mengen unvorstellbar groß geworden, seitdem die Stadt jährlich von Millionen Menschen „heimgesucht" wird. Die Müllmenge liegt bei etwa 58 000 t jährlich, was allein einer Tagesmenge von über 150 t entspricht. Dieser muss ebenso mit Hilfe von Schiffen abtransportiert werden, die dann auf ihre Art die Stadt und ihre Lagune gefährden. Um also die weitere Zerstörung Venedigs und des Ökosystems der Lagune aufzuhalten müssten zahlreiche Maßnahmen ergriffen werden. Hierzu zählen unter anderem die allgemeine Verminderung der Abfallmengen, eine effizientere Entsorgung der Abwässer und des Mülls und die Ausweisung umfangreicher Schutzareale zur Sicherung zahlreicher gefährdeter Pflanzen- und Tierarten, die in speziellen Ökotopen der Lagune ihren Lebensraum haben. Langfristiges Ziel ist es die gestörte Selbstregulierung wiederzubeleben.[69]

Obwohl also Ansätze zum besseren Umgang mit der Umwelt vorhanden sind, ist das Umweltbewusstsein in Italien noch immer vergleichsweise wenig ausgeprägt. Eine große Rolle hierbei spielt wie häufig das organisierte Verbrechen sowie das mangelnde Interesse von Seiten der Politik. Bisher laufen – bis auf wenige Ausnahmen wie z.B. im Fall von Venedig – jegliche Ansätze zur Verbesserung ins Leere, sodass in Bezug auf ökologische Problemstellungen in Italien auch in nächster Zeit keine positiven Meldungen zu erwarten sind.[70]

---

[67] vgl. BUCHWALD (1995, S.107)
[68] vgl. DÖPP (1988, S.49-55) und DAVIS; MARVIN (2004, S.182ff)
[69] vgl. DÖPP (1988, S.49-55)
[70] vgl. KALLINGER; NEUJAHR (1997, S.166-169)

3.5 Bevölkerungsentwicklung und Mentalität der Verbliebenen

Ähnlich scheint es im Fall der Einwohner von Lagunenvenedig zu sein. Heute spricht man vom Exodus der Venezianer. Dieser setzte vor allem seit den 1960ern verstärkt ein (Abb.12). Die Gründe für den Weggang sind vielfältig, aber ein Hauptgrund findet sich auf jeden Fall im immer noch zunehmenden Massentourismus. Wer will schon jedes Jahr seinen Wohnort mit 20 Millionen Besuchern teilen müssen, die es noch dazu für überflüssig halten auch nur den geringsten Respekt vor einem zu haben? Das venezianische „centro storico" weist das höchste „tourist to locals"-Verhältnis[71] weltweit auf. Zurückbleiben unter diesen Umständen nur solche, die an den Besuchermassen Geld verdienen, oder solche, die wegen ihres Alters einfach nicht mehr dazu in der Lage sind wegzugehen und anderswo noch einmal neu anzufangen. Als Folge sinkt die Einwohnerzahl, während das Durchschnittsalter inzwischen auf 46 Jahre gestiegen ist.[72] Gaston Salvatore – langjähriger Wahlvenezianer - nennt Venedig deshalb ein „Altersheim".[73] Inzwischen greift der Tourismus auch zunehmend auf die Inselchen der Lagune über und mit ihm beginnt auch dort die Bevölkerung abzuwandern.[74] Als letzten Ausweg nicht ganz ihre Heimat aufgeben zu müssen sehen es viele Venezianer an, wenigstens nur das historische Zentrum zu verlassen und in die Peripherie der Stadt zu ziehen. Die meistbewohnten „sestieri" sind deshalb heute Castello und Canareggio.[75] Oft sind es noch nicht einmal die Touristen selbst, die mittels Belästigung der Grund für den Weggang sind, sondern die Popularität der Stadt. Diese verleitet nämlich Berühmtheiten und anderer wohlhabende Menschen aus aller Welt Zweitwohnsitze in Venedig zu erwerben. Als Folge steigen die Miet- und Kaufpreise in den besseren Vierteln der Stadt stark an und zwingen so nicht selten weniger betuchte Bewohner zum Verlassen ihrer Wohnungen. Dies bewirkt nicht nur eine Entleerung des historischen Kerns der Stadt, sondern unterstützt gleichzeitig den ohnehin schon stark um sich greifenden kulturellen Verfall Venedigs. Denn die Zweitwohnungen werden meist nur wenige Monate des Jahres genutzt, sodass ein Großteil des Jahres diese Bereiche der Stadt beinahe leerstehen. Dieses Ableben der venezianischen Kultur droht die Oberhand zu gewinnen. Und wäre Venedig noch eine Stadt, wenn dort keine Venezianer mehr leben und ihre Kultur praktizieren würden? Oder verkommt Venedig irgendwann endgültig zur Museumsstadt?

Konzepte um diesen Entwicklungen entgegenzuwirken empfehlen vor allem die Stärkung der Wohnfunktion sowie die Kontrolle der Preise im Immobiliensektor. Entsprechend findet das Zweitwohnungskonzept wenig Unterstützung.[76]

Die Mentalität der Venezianer ist schwer zu erfassen. Zur Zeit der Republik zählte man zu ihren ausgeprägtesten Eigenschaften die Prunksucht, ihre allgemeine Weltverachtung und ihren Hang zu

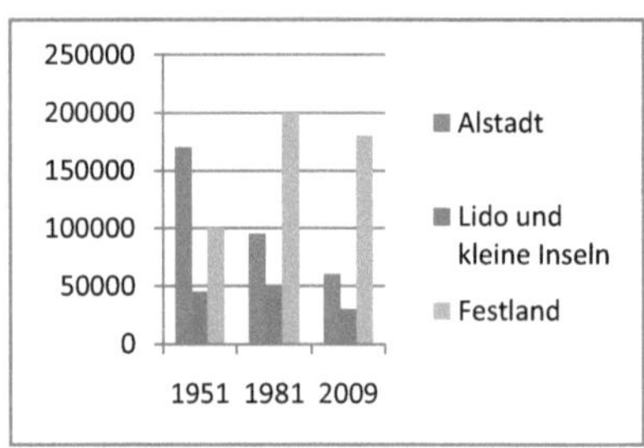

Abbildung 12: Bevölkerungsentwicklung Venedigs

[71] vgl. DAVIS; MARVIN (2004, S.109)
[72] vgl. FEHR (2007)
[73] vgl. SALVATORE (2000, S.65)
[74] vgl. DAVIS; MARVIN (2004, S.174)
[75] vgl. WAPLER, G. (1988, S.103ff)
[76] vgl. DÖPP (1988, S.53)

Dekadenz und ausgelassenem Feiern. Ebenso bekannt war ihre Erneuerungs-, Modernisierungs- und Veränderungsbereitschaft. Heute scheint dem anders zu sein. Man könnte es fast als paradox bezeichnen. Deutliche Demonstrationen von Abneigung gegenüber Touristen und Wahlvenezianern – selbst italienischen – sind alltäglich. Die Bewahrung des eigenen Dialekts ist die letzte Bastion, um sich von den Massen abzuheben oder in Anwesenheit der Touristen ungeniert über sie sprechen zu können. Selbstverständlich mangelt es auch nicht an Beschwerdefreudigkeit über jegliche Belästigungen, die der Massentourismus mit sich bringt.

Und trotz alledem hat der Venezianer an sich den Ruf niemals beleidigt zu sein. Womöglich ist das aber nur das Missverstehen der geradezu kultivierten venezianischen Passivität. Manchmal fragt man sich, ob die Venezianer sich und ihre Stadt tatsächlich vor dem drohenden Untergang retten wollen oder ob sie die Profitgier blind gemacht hat. Der" Verkauf der eigenen Stadt" und die Abkehr von den eigenen Traditionen, z.B. den Volksfesten, lassen gleichzeitig an ihrer Bedrängnis und ihrer vielbeteuerten Erneuerungsbereitschaft Zweifel aufkommen. Während man sich einerseits von den Traditionen entfernt, weil diese von der Außenwelt dominiert werden, erhält man sie andererseits, z.B. in Form von selbstständiger Restauration kleiner Schreine oder Veranstaltung kleiner Nachbarschaftsfeste. Und während man einerseits den Massentourismus verteufelt, unterstützt man ihn andererseits.

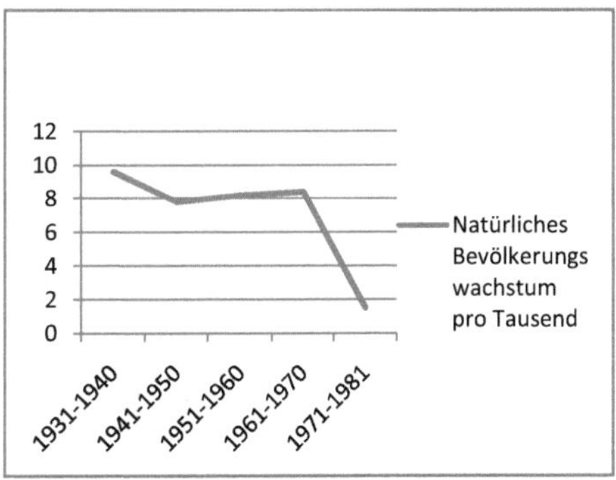

Abbildung 13: Natürliches Bevölkerungswachstum Italiens

Restitalien zeigte seit den 50ern starke Landflucht und Verstädterungstendenz, die vor allem Richtung industrialisierter Norden gerichtet war. Ab den 80ern begannen dann die Suburbanisierung verstärkt einzusetzen.[77] Im selben Zeitraum entwickelte sich der positive Auswanderungssaldo in einen negativen, ebenso wie das natürliche Bevölkerungswachstum stark zurückging, wie Abb. 13 deutlich macht.[78] Jedoch sind diese Entwicklungen generell nicht auf direkte Einwirkung auf die Menschen zurückzuführen, sondern auf wirtschaftliche Entwicklungen des Landes. Heute kämpft man in Italien mit den Problemen, die durch Einwanderer v.a. aus Entwicklungsländern entstehen, denn das Auswandererland Italien ist zum Einwanderungsland geworden.[79]

3.6 Venedig in der Kunst

Im Lauf ihrer Geschichte war die Serenissima schon unzählige Male eine Muse für Künstler der verschiedensten Gattung und Herkunft. So zum Beispiel für *Thomas Mann, Johann Wolfgang von Goethe, Richard Wagner* und heute *Donna Leon*. Ebenso verfehlte es nicht seine Wirkung auf die bildende Kunst, wie sich unschwer bei *Canaletto, Tizian* und *Guardi* erkennen lässt – um nur einige wenige zu nennen. Dies verschaffte ihr einen Ruf als Stadt der Kunst und der Künstler. Noch heute

---

[77] vgl. CHIELLINO, C.; MARCHIO, F.; RONGONI, G. (1989, S.193ff)
[78] vgl. CHIELLINO, C.; MARCHIO, F.; RONGONI, G. (1989, S.186)
[79] vgl. ROTHER, K. (2001, S.6)

ist das Venedigbild stark von diesen größtenteils idealisierenden Werken geprägt, obwohl zum Zeitpunkt von deren Entstehung die Glanzzeiten Venedigs auch schon längst der Vergangenheit angehörten. Ab dem 20. Jh. dient es hauptsächlich als Kulisse für Unterhaltungs- und Trivialromane. Seine Beschaffenheit und Geschichte lassen anscheinend unzählbare Deutungsansätze zu, die alle dem Mythos Venedigs Leben einhauchen. Die gängigsten Stereotypen sehen Venedig als Stadt der Liebe und des Todes, als Ort für Künstler und deren Schaffen, als Märchen- und Traumstadt oder als Stätte das Unheimlichen. Konkreter ist schon die Deutung als Zufluchtsort und Refugium vom Alltag und den Problemen der modernen Welt, die sich aufgrund der Insellage der Stadt anbietet. Unterstützt wird diese Empfindung zusätzlich durch ihre einem antiken Labyrinth ähnliche Topographie. Ein in der Literatur häufig gezeichnetes Bild ist das der dekadenten Stadt in Verbindung mit unmoralischer, verbotener oder lasterhafter Liebe, mit exzessiver und hemmungsloser Lust sowie sexueller Unbestimmtheit.[80]

Wie sich hier auf Antonio Canalettos „Rio dei Mendicanti" (Abb. 14) eindeutig erkennen lässt, waren nicht alle Bilder Venedigs idealisiert. Manchmal malten die Künstler auch ein Bild des Venedigs der unteren Schichten, wo sich das wahre – unrenovierte – Gesicht der Stadt zeigte. Auf den meisten Bildern wurde einfach verheimlicht, dass die Serenissima ihre Jugend und Blütezeit hinter sich hatte. Das lag vor

Abbildung 14: Rio dei Mendicanti (Canaletto, 1723)

allem daran, dass die meisten Bilder Auftragsarbeiten waren, die auf Wunsch des Kunden das alte und glanzvolle Stadtbild vorweisen sollten und nicht entsprechend der sozialkritischen Genremalerei eine Darstellung der wachsenden politischen und ökonomischen Probleme. Im Allgemeinen setzten sich, wie heute bei der Besichtigung der Stadt, schon früh nur einige wenige Motive – v.a. die Piazza San Marco und der Canal Grande – durch, die gemalt und verkauft wurden. Versuche neue Motive einzuführen scheiterten, sodass diese Bilder meist Unikate blieben. Auffällig ist auch, dass in den Veduten[81] die Venezianer selbst nur eine Komparsenrolle spielen, so denn überhaupt „Leben" dargestellt wurde. Gewöhnlich zeigen diese Arbeiten weder Tätigkeiten, noch Bettler oder gar Touristen. Die Stadt wird, wie vom Besucher eigentlich erwünscht, „retuschiert" dargestellt. Jeder Künstler malte zwar Venedig, aber jeder malte seine eigene Idee von der Stadt. So gibt jedes dieser Venedigbilder nur ein Venedig unter anderen wieder – niemals das wirkliche, gebrechlich gewordene. Auch heute noch ist die Stadt bildlich gesehen im Wesentlichen das Abbild der Veduten aus dem 18. Jahrhundert, da diese die Vorstellungen der Besucher prägten und

---

[80] vgl. BLEHEEN, B. (2004, S.3-5)
[81] Gemalte oder graphisch gestaltete topographisch getreue Panoramaansicht einer Landschaft oder Ansiedlung (Landschafts-, Stadtvedute); typisch im 17./18. Jh. ; vgl. Kunstlexikon

Venedig gezielt entsprechend diesen erhalten wird.[82] Aber selbst ein unabhängiger *Manet* kann auf seinem Bild des Canal Grande (Abb. 15) nicht ungezeigt lassen, dass das Wasser von den Gebäuden und den klassischen weißblauen „Anlegepfosten" seinen Tribut verlangt.

Während in der bildenden Kunst der Stadt meist ein heiterer und anmutiger Anstrich verliehen wird, betont die Literatur eher die düsteren Züge der Serenissima. Glaubt man einem Sartre oder Wagner, so repräsentiert sie einerseits Geruhsamkeit, Schönheit, Behagen und Heiterkeit, aber andererseits vor allem eine manchmal beinahe alptraumhaft melancholische Stille, Wehmut, Tod, Krankheit und Verfall. Nicht selten wird die Stadt in der literarischen Welt verwendet als Todessymbol, Stätte der Dekadenz oder Symbol des Verfalls und der Vergänglichkeit.[83] Diese Motive finden sich besonders ausgeprägt in *Thomas Manns* „Tod in Venedig" (1912). Die Novelle handelt davon wie der Schriftsteller *Gustav von Aschenbach* sich von seinen Zwängen einer strengen Selbstzucht und den Bindungen eines bürgerlich geprägten Leistungsethos löst, um sich dem orgiastischen Rausch und entwürdigenden Ausschweifungen zu überlassen. Diese zügellose und letztendlich todbringende Leidenschaft entfesselt sich, als der Protagonist während seines Aufenthalts in der Lagunenstadt der Anmut in Form des polnischen Knaben *Tadzio* begegnet. Hintergrund der hauptsächlich auf dem Lido spielenden Handlung ist, dass Venedig zu dieser Zeit mit einem Seuchenausbruch der Cholera zu kämpfen hat. So spiegelt sich der physische und moralische

Abbildung 15: Canal Grande a Venezia (Manet. 1874)

Niedergang des Schriftstellers im morbiden Charme Venedigs wieder. [84]

Auch in der heutigen Zeit wird die Lagunenstadt noch gerne als Romankulisse verwendet. Die aktivste Autorin in dieser Beziehung ist die amerikanische Wahlvenezianerin *Donna Leon*. Seit 1992 veröffentlicht sie jedes Jahr einen ihrer Kriminalromane. Der rote Faden ihrer Romanreihe ist der Schauplatz Venedig sowie die Protagonisten: der venezianische Comissario *Guido Brunetti* mit Familie, Vize-Questore *Patta*, die Sekretärin und Computerspezialistin Signorina *Elettra* und sein Polizeiassistent Sergente *Vianello* (seit dem elften Roman Ispettore). Hauptthemen der Romane sind die Kunst, die venezianische Esskultur, die italienische Familiarität und die Verwicklungen städtischer Behörden mit dem alteingesessenen Patriziat. Die Ideen dafür nimmt die Autorin aus dem Alltag ihres Lebens in der Lagunenstadt, ebenso wie aus den jeweils aktuellen Medienberichten. Beispielsweise Bestechung in der Bauverwaltung, Umweltskandale, Rauschgiftverkauf an Jugendliche, Umgang mit Asylanten, Sextourismus oder sexueller Missbrauch von Kindern durch Geistliche. Grundsätzlich geht es um den ewigen Kampf des Guten (hier *Brunetti* und sein Helfer) gegen das Böse (v.a. in Form der für Italien typischen Korruption). In ihren Romanen liefert die Autorin so genaue Beschreibungen der Schauplätze in Venedig, dass diese problemlos im realen Venedig wiedergefunden werden können. Inzwischen ist sogar schon ein

---

[82] vgl. HUSE, N. (2005, S. 144-152)
[83] vgl. REICHEL, J. (Hrsg., 1991, S.5f., 97-102)
[84] vgl. REICHEL, J. (Hrsg., 1991, S.152-160)

spezieller Stadtplan erschienen, der die Schauplätze der *Leon*-Romane angibt. Während die Autorin in ihren Romanen keine eindeutige Wertung über den Massentourismus in ihrer Wahlheimat äußert, macht sie in Interviews ihre Abneigung demgegenüber deutlich klar.[85] Und das, obwohl sie paradoxerweise durch ihre rege Schreibtätigkeit noch zur Popularität der Stadt beiträgt.

4. Modernisierungsversuch

Modernisierungsversuche entsprechen in Venedig in der Regel Rettungsversuchen für die Stadt. Unumstritten sind das Absinken der Fundamente, der allgemeine Anstieg des Meeres und die daraus resultierenden vermehrten Hochwasser Venedigs größte Bedrohung. Deshalb möchte ich mich in diesem Kapitel vor allem auf die Projekte „Mose" und „Rialto" konzentrieren. Selbstverständlich ist aber auch die bereits erwähnte Renaturierung der Lagune ein Versuch die Stadt vor dem Untergang zu retten (siehe 3.4). Während zwischen 1900 und 1910 das Wasser noch weniger als zehn Mal den Markusplatz überschwemmte, so tat es dies beispielsweise allein im November 2002 fünfmal. Und das Ausmaß der Überschwemmungen scheint jedesmal schlimmer zu werden. Teilweise betreffen die Überschwemmungen bis zu 90 Prozent der Fläche Venedigs.[86]

Seit der Jahrhundertflut im Jahr 1966 sind viele Rettungsprojekte entwickelt worden. Die Idee für das Projekt „Mo.S.E."- kurz für „Modulo Sperimentale Elettromeccanico" - stammt aus den 1970ern: drei Sperrwerke sollen die Lagune bei Bedarf abriegeln. 2,3 Milliarden Euro wurden durch das italienische Parlament für den Bau bewilligt und 2003 durch Silvio Berlusconi persönlich der

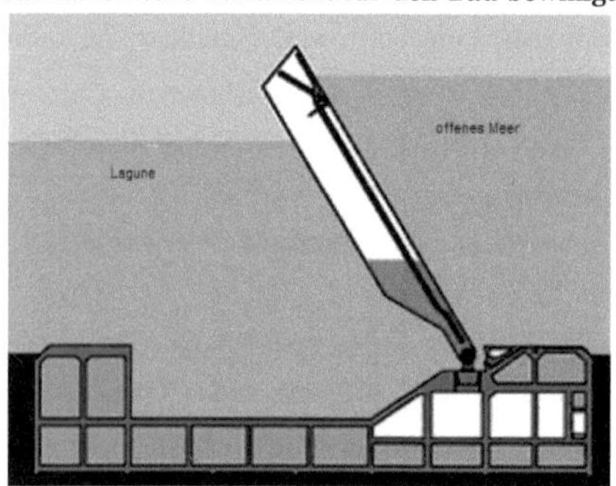

Abbildung 16: Funktionsweise von MoSE

Grundstein gelegt. Der Abschluss der Bauarbeiten ist für 2011/12 geplant. Und das, obwohl die Wirksamkeit extrem umstritten ist. Teilweise besteht gar die Befürchtung, dass es gerade „Mose" sein könnte, was Venedigs Tod endgültig besiegeln wird. Der Plan ist folgender: es wird eine Barriere aus versenkbaren Stahlkästen installiert, welche die „bocche" – breite Einlässe zum Meer – ab einem drohenden Pegelstand von 1,50 m über NN blockieren soll. Insgesamt werden 78 Riegel eingesetzt. Jeder von ihnen bis zu 5 m dick, fast 20 m breit und 18 bis 28 m hoch. Bei normalen Wasserverhältnissen sollen die Kästen geflutet auf dem Meeresboden ruhen, während sie bei Gefahr mittels Druckluft senkrecht aufgestellt werden, um binnen einer Stunde die Lagune abzudichten (Abb. 16) - Schleusen halten Frachtern die Durchfahrt frei. Trotzdem beschimpfte der venezianische Ex-Vizebürgermeister *G. Bettin* das Projekt als teuer, gefährlich und wahrscheinlich nutzlos. Diese Aussage stützte er vor allem darauf, dass seit der Entwicklung der Idee viele (potentielle) Probleme entdeckt wurden: weitere nötige Ausschachtungsarbeiten würden der Adria den Einfall in die Lagune noch weiter erleichtern, der voraussichtliche Meeresanstieg würde die Wirksamkeit der Sperrwerke ohnehin zunichte machen

---

[85] vgl. Donna Leon-Website
[86] vgl. WEBER, A. (2004, S.36-39)

und es wäre eine weitere Gefährdung des ohnehin schon stark angeschlagenen Ökosystems. Sollten die Fluttore mehr als ein paar Tage im Jahr zum Einsatz kommen, wäre die Katastrophe perfekt: was die Gezeiten momentan noch zu verbergen vermögen würde ans Licht kommen. Nämlich das Ausmaß der alltäglichen Verschmutzung der Lagune (siehe 3.4). Sollte das Meer nicht seiner täglichen „Reinigungstätigkeit" nachgehen können, würde das Ökosystem der Lagune womöglich unwiederbringlich kollabieren. Das Manko der Idee ist nämlich, dass es nur die Symptome, nicht die Ursachen der Problematik bekämpft. Fraglich ist demnach, ob dieser Einsatz von noch mehr Technik, den Auswirkungen des bisherigen ungehemmten Technikeinsatzes tatsächlich mit Erfolg entgegenwirken kann.[87]

Alternative Ansätze schlagen deshalb die wesentlich preisgünstigere und nachhaltigere Schaffung von Flutausgleichsflächen vor. Bisher leider wenig erfolgreich.

Eine weitere Idee, wie man Venedig zumindest teilweise vor dem buchstäblichen Untergang bewahren möchte ist das weniger bekannte „Progetto Rialto"- ebenfalls ein Mammutprojekt, aber völlig anders geartet als „Mose". Venedig soll angehoben werden – Zielsetzung ist ein Meter. So soll die im Lauf des 20. Jh. geschehene Absackung um 23 cm wieder rückgängig gemacht und gleichzeitig schon für den noch erwarteten weiteren Meeresspiegelanstieg vorgesorgt werden. Der Plan sieht vor an den Fundamenten der vom Wasser umspülten Häuser Pfosten anzubringen, die mit Hilfe von Druckkolben pro Tag um acht cm angehoben werden (Abb 17). Durch die langsame und schrittweise Hebung könne die Bausubstanz erhalten bleiben. Ähnlich wie bei „Mose" ist jedoch auch dieses Projekt mit enormen Kosten verbunden – 2500 €/m² sind veranschlagt, sollten keine Probleme auftreten. Befürworter sehen in ihm die Chance der Stadt ihr früheres Aussehen zurückzugeben, während Kritiker ungeklärte Fragen konstatieren. Welche Auswirkung hätte die Anhebung auf das aktuelle Stadtbild, da ja nur ein Teil der Gebäude angehoben werde? Auf welchem Niveau würden die „Gehwege" angelegt und womit würde der durch die Hebung entstehende Zwischenraum ausgefüllt? Grundsätzlich zeigt sich die Stadtverwaltung bisher interessiert.[88]

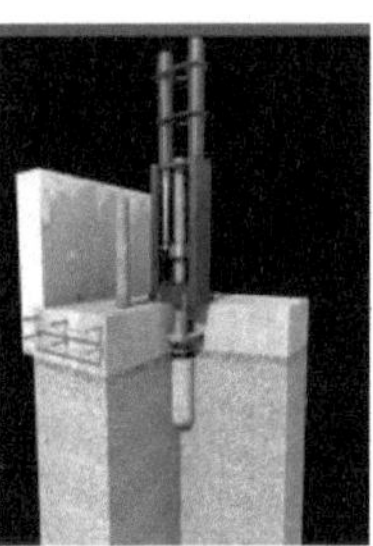

Abbildung 17: Progetto Rialto

Eine bereits seit etwa 10 Jahren praktizierte Maßnahme, die ebenfalls die Fundamente betrifft, ist die Einspritzung von Beton in den Untergrund –in 14 m Tief. Dies bietet zwar keinen Schutz vor Hochwassern, aber es kann das weitere feuchtigkeitsbedingte Schwinden der Steinsockel verhindern.[89]

Ähnlich verhält es sich mit der Wiederinstandsetzung der stark vernachlässigten „murazzi" und anderen Küstenschutzeinrichtungen, die schon bestehen. Die ehemals akribisch gehegten und gepflegten Schutzinstallationen sind heute aufgrund von Kosteneinsparungen in einem bedenklichen Zustand. Auch sie können zwar nicht direkt vor Hochwasser Schutz bieten, aber sie tragen zur Sicherung der Lagune –und so indirekt auch zur Sicherung Venedigs – bei.[90]

---

[87] vgl. WEBER, A. (2004, S.36-39)
[88] vgl. ZEIT online (2008)
[89] vgl. SALVATORE, G. (2000, S. 124f) und DÖPP, W. (1988, S. 49-55)
[90] vgl. DÖPP, W. (1988, S. 49-55)

Ebenfalls als Rettungsversuch zu verstehen ist das allgemeine Bestreben die venezianische Kultur zu erhalten bzw. wiederzubeleben – teils durch neue Projekte, teils durch Neuorganisation alter Projekte. Unter diese Kategorie fällt schon die vor über 100 Jahren gegründete Biennale[91], wie auch die ihr folgenden Filmfestspiele sowie die Erhaltung des traditionell venezianischen Kunsthandwerks und der Feste.[92] Das ist nämlich nötig, da der Tourismus allein auf Dauer nicht ausreicht, um die Stadt am Leben zu erhalten. Die Kultur muss als Kapital verstanden und gefördert werden, sonst wird Venedig tatsächlich zu einer ausgehöhlten und steinernen Hülle ohne Leben.[93]

Ähnliche Problemstellungen sind in Restitalien teils gar nicht und teils nicht in so akuter Form gegeben, wie es in Venedig der Fall ist, sodass keine wirklich vergleichbaren Projekte bestehen. Ein dennoch erwähnenswertes Projekt ist *Berlusconis* Prestigeprojekt eine Brücke zu bauen, die Sizilien mit dem Festland verbinden soll. Die Brücke über die Straße von Messina soll die höchste, längste und teuerste aller Zeiten werden. Der Bau ist nicht nur politisch höchst umstritten, sondern auch vom technischen Standpunkt höchst riskant.[94]

5. Schluss

Com'era e dov'era – das war die Maxime, die der amtierende venezianische Bürgermeister 1902 nach dem Einsturz des Campanile für dessen Wiederaufbau propagierte, ebenso wie sein späterer Nachfolger im Jahr 1996 beim Brand von La Fenice.[95] Nach eingehender Auseinandersetzung mit der Materie erscheint es mir als Maxime für mittlerweile ganz Venedig. Die Erhaltung der Stadt im von den Touristen bevorzugten Zustand ist den zuständigen Stellen so wichtig, dass es ihnen egal zu sein scheint, welche Konsequenzen ihr Verhalten auf lange Sicht für die Stadt bedeutet. Die Frage ist, wie lange Venedig dieser Rücksichtslosigkeit noch gewachsen ist. Denn sollte sich der Leitsatz für die Lagunenstadt nicht ändern, so liebäugelt sie nicht mehr nur mit dem Untergang, sondern wird ihn tatsächlich erleiden.

Ihre Fragilität und ihr morbider Charme sind weithin bekannt und werden als Gefahr gesehen und deshalb auch – mehr oder weniger erfolgreich – bekämpft. Ein viel brennenderes, aber auf den ersten Blick nicht zu erkennendes Problem ist der Weggang von immer mehr Bewohnern der Stadt. Venedig, wie auch der italienische Staat, kämpft schon jetzt damit die geschönte Fassade aufrecht zu erhalten, die im Lauf der Jahre entstanden ist. Inzwischen drohen aber beide an dieser Aufgabe zu scheitern.

Der Versuch aus Venedig eine Industriestadt zu machen misslang nicht nur, sondern gefährdet heute aufgrund der entstandenen Schädigung der Lagune die Stadt nur zusätzlich. Ebenso ist heute die Landwirtschaft im gesamten Gebiet des Veneto eine nicht zu unterschätzende Gefahr für die Lagune. Der Tourismus, der in Venedig schon so überdurchschnittlich früh einsetzte, hat inzwischen Ausmaße angenommen, die nicht mehr kontrollierbar sind und an dem eigentlich die Negativaspekte überwiegen, und doch die Stadt von ihm abhängig ist. Gegen die voranschreitende Zerstörung der Bausubstanz werden tatsächlich Maßnahmen ergriffen, so gut es eben geht. Dennoch

---

[91] vgl. SALVATORE, G. (2000, S. 95ff)
[92] vgl. DöPP, W. (1988, S. 49-55)
[93] vgl. SALVATORE, G. (2000, S. 105)
[94] vgl. ASENDORF, D. (2005)
[95] vgl. SALVATORE, G. (2000, S. 18f)

scheinen die bisherigen Bemühungen an den falschen Stellen anzusetzen, da der Verfall von Venedig als Stadt andauert. Die ökologischen Probleme, die direkt vor allem die Lagune bedrohen – und so indirekt auch die Stadt – haben insgesamt, trotz ergriffener Gegenmaßnahmen, Ausmaße erreicht, die es fraglich erscheinen lassen, ob ihre Negativwirkung noch rückgängig gemacht oder wenigstens aufgehalten werden kann. Die bisher begonnenen Modernisierungs-, will sagen Rettungsversuche, haben alle trotz ihrer eigentlich guten Idee immer einen Haken. Die naheliegenderen und sinnvolleren Konzepte finden keine Umsetzung, weil sie politisch und wirtschaftlich gegenläufigen Interessen zum Opfer fallen.[96]

Ist es also wirklich die Rettung, welche die Entscheidungsträger anstreben, oder ist es wieder nur der Versuch für sich selbst die aktuell positivste Situation zu erreichen?

Die Rettung eines lebendigen Venedigs, so sagen Verständige, basiert nicht allein auf der Rettung der Bausubstanz und der Lagune, sondern vor allem darauf, dass die Venezianer und ihre Kultur erhalten bleiben.[97] Kultur sei laut ihnen ohnehin die lebensrettende Alternative zum Massentourismus. Erste klägliche Ansätze hierfür zeigen sich in der seit 1895 veranstalteten Biennale und den damit verbundenen Filmfestspielen und Festivals verschiedener Art. Alle weiteren Versuche Kultur in die Stadt zu bringen scheiterten.[98]

Benimm-Polizei und ein Karneval ohne untraditionelle Masken sind ein Anfang, aber nicht, wenn gleichzeitig in der äußerst kurzen Zeit, in der mal etwas weniger Touristen die Stadt bevölkern, spezielle Rabatte angeboten werden, um doch wieder mehr Besucher anzulocken.[99] Es scheint so, als ob jeder rettenden Idee in Venedig immer gleich wieder ein tourismusfördernder Widersacher gegenübertritt. Sollte also die Serenissima es nicht schaffen sich in absehbarer Zeit ein anderes Standbein als den Massentourismus zu suchen, ihrem ständigen Verlust an „Lebbarkeit" und dem Exodus ihrer Bewohner Einhalt zu gebieten, so ist ihr nicht nur das Verkommen zu einer Kulisse gewiss, sondern auch der schon so lange prophezeite Untergang.[100]

---

[96] vgl. SALVATORE, G. (2000, S.122)
[97] vgl. DAVIS, R.C.; MARVIN, G.R. (2004, S.236)
[98] vgl. SALVATORE, G. (2000, S.106ff)
[99] vgl. REUTERS (2007) und SüDTIROL ONLINE (2008)
[100] vgl. SALVATORE, G. (2000, S.94f, 105)

6. Literaturverzeichnis

Primärliteratur

BLEHEEN, B. (2004): Wir sind gern in Venedig, warum?. München.

CHIELLINO, C.; MARCHIO, F.; RONGONI, G. (1989): Italien. München.

DAVIS, R.C.; MARVIN, G.R. (2004): Venice, the Tourist Maze. A Cultural Critique of the World's Most Touristed City. Berkeley/ Los Angeles/ London.

DÖPP, W. (1986): Porto Marghera/ Venedig. Ein Beitrag zur Entwicklungsproblematik seiner Großindustrie. Marburg/ Lahn.

HUSE, N. (2005): Venedig. Von der Kunst eine Stadt im Wasser zu bauen. München.

REICHEL, J. (Hrsg., 1991): Der Tod in Venedig. Ein Lesebuch zur literarischen Geschichte einer Stadt. Berlin.

SALVATORE, G. (2000): Einladung zum Untergang Venezianische Hintertreppe. Wien.

SCHüMER, D. (2003): Leben in Venedig. München.

WEISS, W. M. (2002): Venedig. Köln.

Zeitschriften-/Zeitungartikel

BUCHWALD, K. (1995): Venedig - zur ökologischen Geschichte einer europäischen Stadt. IN: Schriftenreihe für Vegetationskunde/ Bundesamt für Naturschutz, 1995 (Heft 27), S.97-110

DöPP, W. (1977): Der Einzelhandel in (Alt-)Venedig. IN: Marburger Geographische Schriften, 1977 (Heft 73), S.109-146.

DöPP, W. (1988): Venedig und seine Lagune. Ein traditionsreicher Konfliktraum mit akutem Handlungsbedarf. IN: Geographische Rundschau, 1988 (Heft 4), S.49-55

FREYTAG, T.; POPP, M. (2009): Der Erfolg des europäischen Städtetourismus. Grundlagen, Entwicklungen, Wirkungen. IN: Geographische Rundschau, 2009 (Heft 2), S.4-11

KALLINGER, E. M.; NEUJAHR, G. (1997): Die Öko-Bombe tickt. Wilde Müllkippen, ungeklärte Abwässer und die Müllmafia – Ökologen warnen vor dem Gau. IN: FOCUS Magazin, 08/1997 (Nr.32), S.166-169

KARSTEN, A.; MISCHER, O. (2007): Die Geschichte Venedigs. IN: GEO Epoche Venedig. 810 – 1900: Macht und Mythos der Serenissima, 11/2007 (Nr. 28), S.172-177

ROTHER, K. (2001): Italien am Beginn des 21. Jahrhunderts. IN: Geographische Rundschau, 2001 (Heft 4), S.4-9

SALLER, W. (2007): Das große Sterben. IN: GEO Epoche Venedig. 810 – 1900: Macht und Mythos der Serenissima, 11/2007 (Nr. 28), S.128-138

STILLE, A. (2009): Der Stinkstiefel. IN: Süddeutsche Zeitung Magazin , 2009 (Nr. 7), S.18-22

WAPLER, G. (1988): Probleme Städtischer Verdichtungsräume in den Mittelmeerländern. IN: Würzburger Geographische Arbeiten (Heft 70), S.95-105

WEBER, A. (2004): Die Rettung vor dem Untergang? IN: GEO Special, 02+03/2004 (Nr.1), S.36-39

Internet:

ASENDORF, D. (2005): Ziemlich überspannt.
<http://www.zeit.de/2005/25/Messina-Br_9fcke> (17.04.2009)

Donna Leon Website <http://www.groveatlantic.com/grove/leon/leon.htm> (09.04.2009)

EHRLICH, M. (2008): Kampf gegen Kreuzfahrtschiffe in Venedig.
<http://www.br-online.de/bayerisches-fernsehen/euroblick/euroblick-2008-07-27-italien-venedig-ID1216829342729.xml > (31.03.2009)

FEHR, J. (2007): Venedig – Perle der Adria.
<http://www.planet-wissen.de/pw/Artikel,,,,,,,3A1416CC61C1587CE0440003BA5E08BC,,,,,,,,,,,,.html> (01.04.2009)

Kunstlexikon <http://www.beyars.com/kunstlexikon/lexikon_9305.html> (08.04.2009)

MTCH AG (2009): Venedig – Lagunenstadt an der Adria.
<http://www.hotelplan.ch/Reisen/Reiseinfos/Themen/Laenderinfos/region.aspx?country=IT®ion=VCE> (06.04.2009)

REUTERS (2007): Benimm-Polizei für Touristen. <
http://www.sueddeutsche.de/reise/711/419475/text/> (11.04.2009)

STEUCKART, K. (2008): Vogelfrei in Venedig. Ab Mai ist das Taubenfüttern auf dem Markusplatz verboten. Die Futterhändler ziehen nun vor Gericht, um ihre Existenz zu retten.
<http://www.focus.de/reisen/reisefuehrer/italien/taubenfuettern-verbot_aid_264719.html>
(31.03.2009)

SüDTIROL ONLINE (2008): Karneval in Venedig heuer ohne Masken. <
http://www.stol.it/nachrichten/artikel.asp?KatID=e&p=5&ArtID=107509&SID=6941260084719284141> (11.04.2009)

ULRICH, S. (2008): Fanal Grande. Venedig hat den Ansturm riesiger Kreuzfahrtschiffe satt - die Vergnügungsdampfer machen Lärm, verpesten die Luft und drücken zu viel Wasser in die kleinen Kanäle. Nun wehren sich die Bürger. <http://www.sueddeutsche.de/reise/19/302015/text/>
(31.03.2009)

ZEIT online (2008): Projekt Rialto: Venedig soll um einen Meter angehoben werden.
<http://www.zeit.de/news/artikel/2008/03/21/2498709.xml> (05.04.2009)

7. Abbidlungsverzeichnis

Abb. 1: Venedig (Luftbild)
<http://www.wege-zum-urlaub.de/Staedte-Reisen/Venedig/Luftbild.html>(07.04.09)

Abb. 2: Bergung des Leichnams des heiligen Markus (Tintoretto, 1566)
<http://www.settemuse.it/pittori_scultori_italiani/tintoretto/tintoretto_001.jpg> (07.04.09)

Abb. 3: Ludovico Manin, 120. Doge von Venedig
<http://upload.wikimedia.org/wikipedia/commons/thumb/8/89/Tizian_059.jpg/140px-Tizian_059.jpg> (09.04.09)

Abb. 4: Fischer in der Lagune
<http://www.geo.de/GEO/fotografie/fotowettbewerbe/complete.html?maction=vote100&img=5624> (05.04.09)

Abb. 5: Porto Marghera ca. 1950-1960
<http://www2.regione.veneto.it/cultura/fondi-fotografici/ve_10.html> (05.04.2009)

Abb. 6: Überfüllte Gasse im historischen Stadtkern
DAVIS, R.C.; MARVIN, G.R. (2004): Venice, the Tourist Maze. S.86

Abb. 7: Soziale Zonierung Venedigs
DAVIS, R.C.; MARVIN, G.R. (2004): Venice, the Tourist Maze. S.98

Abb. 8: Piazza San Marco während des Karneval
<http://www.focus.de/panorama/welt/karneval-in-venedig_did_18247.html> (07.04.09)

Abb. 9: Heruntergekommene Häuser in einem Seitenkanal
<http://www.1voyage.com/venise/images/geographie/Venise11.JPG> (08.04.09)

Abb. 10: Alltagsszene auf dem Canal Grande
Bernhard, Dorothea (August 2008)

Abb. 11: Industriezone von Porto Marghera
<http://www.peradam.it/peo/ipercorso/globalizzazione/Glob-800/globalizzazione/sviluppo-tecnologico.htm> (08.04.09)

Abb. 12: Bevölkerungsentwicklung Venedigs
erstellt aus DöPP, W. (1988, S.49-55) und <www.comune.venezia.it> (28.03.09)

Abb. 13: Natürliches Bevölkerungswachstum Italiens
CHIELLINO, C.; MARCHIO, F.; RONGONI, G. (1989, S.186)

Abb. 14: Rio dei Mendicanti (Canaletto, 1723)
<http://www.settemuse.it/pittori_scultori_italiani/canaletto/canal_detto_canaletto_006_rio_dei_mendicanti_1723.jpg> (06.04.09)

Abb. 15: Canal Grande a Venezia (Manet, 1874)
<http://www.settemuse.it/pittori_scultori_europei/manet/edouard_manet_066_canal_grande_a_venezia_1874.jpg> (07.04.09)

Abb. 16: Funktionsweise von MoSE
<http://www.sueddeutsche.de/automobil/800/327663/bilder/?img=2.0> (09.04.09)

Abb. 17: Progetto Rialto
<http://progettorialto.com/tecnologie_applicate.htm> (09.04.09)